LE Dr ERNEST MOTEL
DE L'UNIVERSITÉ DE PARIS

Étude de la Tuberculose de l'intestin grêle à forme hypertrophique

PARIS
INSTITUT INTERNATIONAL DE BIBLIOGRAPHIE SCIENTIFIQUE
93, Boulevard Saint-Germain, 93

1900

ÉTUDE

DE LA

TUBERCULOSE DE L'INTESTIN GRÊLE

A FORME HYPERTROPHIQUE

M. le Dr Ernest Motel
de l'Université de Paris

Étude de la Tuberculose de l'intestin grêle à forme hypertrophique

PARIS
INSTITUT INTERNATIONAL DE BIBLIOGRAPHIE SCIENTIFIQUE
93, Boulevard Saint-Germain, 93

1900

INTRODUCTION.

Par suite de circonstances qu'il serait oiseux de rapporter ici, nous avons dû commencer nos études médicales à l'âge où d'ordinaire nos collègues les terminent.

Maintenant que nous voilà parvenu au terme, nous ne regrettons pas ce retard qui, s'il nous a rendu certaines parties un peu plus laborieuses, a eu, d'autre part, la conséquence heureuse de nous faire donner un effort peut-être plus soutenu et plus régulier.

Quoi qu'il en soit, nous devons reconnaître aussi combien nous a été profitable l'aimable accueil que nous avons toujours rencontré (à une exception) près de nos Maîtres, tant de Nantes que de Paris.

Déjà, avant de venir dans la Capitale, nous avions souvent aussi goûté le plaisir de la lecture des anciens Maîtres, et particulièrement l'illustre Trousseau avait le privilège de nous captiver ; aussi, fut-ce avec une réelle satisfaction que nous nous rendîmes à la clinique où il avait brillé dans tout l'éclat de son génie, attiré par le désir de voir le Maître éminent qui avait eu l'honneur de remplacer dans cette chaire celui dont il avait été et le disciple et l'ami, qui avait su si bien faire vibrer les cœurs aux accents d'une sincère éloquence, en inaugurant son nouvel enseignement.

En effet, Trousseau n'incarne-t-il pas au plus haut degré l'honneur professionnel ? Trousseau, pour la Médecine, Verneuil, pour la Chirurgie, ne sont-ils pas parmi les disparus, et dans la seconde moitié de ce siècle qui s'en va, les deux représentants les plus purs de ce vieil honneur médical que semblent moins priser ceux de notre génération? Ils nous avaient cependant transmis un superbe héritage; que ne le conservons-nous intact!

Historique.

ENTÉRO-STÉNOSE TUBERCULEUSE.

Quoique ce ne soit pas d'hier que l'attention ait été appelée sur la Tuberculose intestinale à forme hypertrophique, il est non moins certain que jusqu'à ces dernières années elle était peu ou point connue.

Si déjà, en 1853, Leudet avait pu présenter à la *Société anatomique* un exemple de tumeur tuberculeuse développée dans le duodénum, il ajoutait que les faits de cette nature sont rares ; aussi, en 1874, rapportait-il l'observation d'un individu atteint de tuberculose pulmonaire, qui succomba à une attaque de choléra intercurrente. On trouva à l'autopsie, à l'union du tiers supérieur avec le tiers moyen, un rétrécissement manifeste du calibre du tube digestif dans une étendue de 0,04. La circonférence de l'intestin était au dessus, de 0,09, au dessous, de 0,07 ;

Si, en 1878, Spillmann, qui avait consacré sa Thèse d'Agrégation à la tuberculisation du tube digestif, dans laquelle il pense que les larges ulcérations annulaires peuvent devenir le siège d'un processus cicatriciel, et qu'on observe alors des rétractions des parois intestinales qui peuvent amener de véritables rétrécissements de l'intestin, il faut arriver jusqu'aux dix dernières années de ce siècle pour en voir nettement esquisser l'étude.

En effet, consultons les traités de médecine les plus récents, qu'y trouvons-nous?

« L'entérite tuberculeuse primitive est plus rare..... Elle n'est pas exceptionnelle..... L'aspect de l'intestin après l'ouverture de l'abdomen est variable... ; le plus souvent il est affaissé...; la paroi intestinale, souvent œdémateuse, peut acquérir de ce fait une épaisseur assez considérable : ce n'est pas la règle...; le processus ulcéreux, en s'éteignant, peut laisser à sa suite un rétrécissement.

« Darier en a observé huit dans l'intestin d'une malade...» puis enfin : « dans la forme primitive, la marche est continue, progressive; la diarrhée, une fois installée, ne cède plus et la mort arrive presque sans signe pulmonaire ». (*Traité de Médecine* de Charcot-Bouchard.)

« L'intestin tuberculeux est presque toujours affaissé ; sa paroi est mince; rarement elle se montre épaissie...; l'organe est généralement atrophié ».... Et plus loin, au diagnostic : « Dans la forme primitive, on se fondera sur l'absence des causes ordinaires de l'entérite simple, sur la constatation d'une diarrhée noire persistante, enfin, s'il y a lieu, sur la recherche du bacille de Koch dans les évacuations ».(*Manuel de Médecine* de Debove et Achard.)

« Les rétrécissements fibreux non cicatriciels sont ceux qui se produisent sans perte de substance ; à la région iléo-cæcale appartiennent les cicatrices sténosantes dues à la tuberculose et la fièvre typhoïde, rares les unes et les autres.

« Quelle était l'origine des 4 rétrécissements attribués à l'inflammation et à la suppuration des plaques de Peyer, chez la fille de 22 ans à qui Kœberlé a réséqué en 1881 deux mètres d'intestin grêle ? L'auteur n'a pu préciser. Même incertitude sur l'étiologie d'un rétrécissement fibreux de l'intestin grêle, dont la longueur était de 0,08 et que Dezanneau traita par la résection, en 1891.... Le même processus (sclérosant) peut succéder au semis des tubercules sous-muqueux, soit dans le rectum (Sourdille), le cæcum (Hofmokl), soit dans l'intestin grêle (Darier). J'ai décrit d'après leurs auteurs la sclérose hypertrophiante et sténosante sans destruction de la muqueuse. Criekx (*Société Belge de Chirurgie*, 1895) a fait l'autopsie d'un sujet portant plusieurs rétractions fibreuses inégalement distantes les unes des autres, dans les 0,50 derniers centimètres de l'iléon ; le plus étroit laissait à peine passer un stylet de trousse. Les coarctations du jéjunum et de l'iléon sont rarement reconnues pendant la vie » (Brouardel et Gilbert).

Continuant nos recherches dans l'ordre chronologique, nous devons mentionner tant en France qu'à l'étranger :

En 1888, Girode (Thèse, Paris, 1888) : « C'est surtout à la suite des larges ulcérations annulaires de l'intestin grêle qu'on observe les rétrécissements vrais ; mais c'est quand le processus ulcéreux est éteint, que le rétrécissement est nettement accusé.

« La coupe des régions cicatrisées se rapproche plus de l'état normal. La paroi est épaissie, surtout la celluleuse et la musculeuse. La muqueuse est, au contraire, très mince ; ce qui nous a frappé, c'est l'hypertrophie des éléments musculaires. La tunique musculeuse épaissie envoie des traînées de fibres lisses dans la celluleuse. Celle-ci est remarquable aussi par l'abondance du tissu fibreux à grosses fibres pâles. Quelques-uns des vaisseaux apparents dans cette zone scléreuse sont entourés d'une couronne de petits éléments embryonnaires » ; et il cite l'observation d'un malade du service de M. Renault, à l'Hôpital Saint-Louis, à l'autopsie duquel il trouva entre autres lésions, trois rétrécissements annulaires admettant l'index avec peine et siégeant au-dessous du milieu de l'intestin grêle, à un décimètre environ les uns des autres, et il conclut que « parfois les ulcères intestinaux aboutissent à la perforation, plus rarement, à la cicatrisation, qui peut entraîner un rétrécissement, surtout à la suite des ulcères annulaires ».

En 1889, Suchier et Hacker rapportent des cas d'intervention sur la région iléo-cæcale, pour des tumeurs simulant le cancer et reconnues tuberculeuses à l'examen microscopique; dans le cas de Suchier, la sténose était telle qu'il fut très difficile de retrouver la lumière de l'intestin.

En 1890, M. Darier a trouvé huit rétrécissements échelonnés en forme de diaphragmes valvulaires, chez une femme soignée pour un prolapsus dans le service de M. le Pr Fournier. Ces rétrécissements admettaient à peine le passage du petit doigt ou même d'un crayon ; le tissu sous-muqueux était remplacé par une bride fibreuse circulaire dans laquelle étaient parsemés quelques follicules tuberculeux très nets. Le premier siégeait à un mètre environ du duodénum, les deux suivants à deux mètres, et enfin, les cinq autres étaient échelonnés jusqu'à la fin de l'iléon, à une distance de 0,50 c. au-dessus de la valvule iléo-cæcale.

Dans son ensemble, l'intestin était très notablement raccourci, puisqu'il ne dépassait pas 4 mètres dans sa longueur totale. Puis il ajoute : « les rétrécissements tuberculeux, de la forme que nous venons de décrire, sont éminemment rares ; nous n'avons pas trouvé un seul fait semblable dans la collection des *Bulletins de la Société*. On connaît cependant des rétrécissements tuberculeux de l'intestin : tels les cas de Leudet, Cornil, Klebs, Corbin et Rintel ; mais dans tous ces cas, l'ulcération était le phénomène primordial ; la muqueuse était profondément et largement détruite. Dans aucun on ne retrouve de rétrécissement en diaphragme, avec intégrité relative de la muqueuse. Il paraît impossible qu'une ulcération cicatrisée ait donné lieu à une restitution *ad integrum* aussi complète.

« La rétraction en diaphragme des parois de l'intestin est due évidemment à la formation de tissu fibreux d'origine inflammatoire, soit dans la sous-muqueuse seule, soit dans toutes les tuniques. Le tissu fibreux s'est formé autour de foyers tuberculeux siégeant probablement dans les vaisseaux lymphatiques. Les artères elles-mêmes ont pris part à cet épaississement fibreux, puisqu'elles montrent des lésions très accentuées d'endo-péri-artérite. Or, tous ces vaisseaux ont un trajet annulaire dans l'intestin : d'où rétrécissement annulaire complet. Mais pourquoi cette évolution spéciale ? Sans doute, parce qu'il y avait chez cette malade une forme particulière peu destructive, mais essentiellement fibrogène, de tuberculose. Nous pensons donc que nous avons eu affaire à une tuberculose à marche lente, cicatrisante, à une tuberculose fibreuse. Peut-on aller plus loin et conclure de la marche de la maladie à sa nature moins infectieuse, à l'existence d'un virus atténué ? Il était donc important de rechercher les bacilles dans ces lésions ; or, sur le produit de raclage de coupes pratiquées sur des rétrécissements contenant des tubercules évidents, nous avons cherché longuement sans rencontrer un seul bacille ».

En 1891, G. Lyon, dans la *Gazette des Hôpitaux*, n° 139, consacre un long article à la tuberculose intestinale, dans lequel nous lisons : « que les cas de guérison relatés sont assez fréquents, mais ne sont pas toujours absolus, la cicatrisation des ulcérations annulaires pouvant déterminer la production de rétrécissements ».

Nové-Josserand rapporte une observation de tuberculose cæcale hypertrophique, guérie par la laparotomie.

En 1892, Ester, dans le *Montpellier médical*, fait une revue générale des cas de tuberculose du cæcum simulant le cancer. MM. Pilliet et Hartmann décrivent, l'un anatomiquement, l'autre cliniquement, le processus sclérosant qui aboutit au rétrécissement. Le Bayon consacre à la typhlite tuberculeuse chronique sa thèse inaugurale.

A l'étranger, Czerny, Salzer, apportent quelques cas nouveaux.

En 1893, Benoit réunit dans une excellente thèse la plupart des faits connus. Dupont, l'année suivante, continue cette étude, mais élimine volontairement la tuberculose primitive, qu'il considère comme du domaine chirurgical, tout en admettant parfaitement l'existence de cette forme spéciale hypertrophique, souvent confondue avec le cancer de cet organe, et évoluant d'ordinaire chez des sujets absolument indemnes de tuberculose pulmonaire. Coquet, la même année, s'occupe, dans son travail inaugural, de la forme néoplasique cæcale, qui rend, dit-il, si fréquente la méconnaissance de la tuberculose.

Dans un travail sur la résection du segment iléo-cæcal, inspiré par M. Hartmann, Baillet conclut que c'est l'opération de choix dans les cas de rétrécissement tuberculeux. A l'étranger, il convient de citer Mockenhaupt, Zimmermann, Becker.

Enfin, il nous faut arriver au mémoire de Sourdille, publié dans les *Archives générales de Médecine*, en 1895, pour voir la question abordée de front et la mise en place légitime dans le cadre nosologique, du rétrécissement tuberculeux cylindrique du rectum. Et c'est bien lui qui a nettement démontré le premier que cette sténose cylindrique était due à une véritable néoplasie tuberculeuse, faisant ainsi justice une bonne fois pour toutes, de la théorie excessive du syphilome ano-rectal, qui paraissait avoir un instant rangé sous son étiquette tous les cas de sténose rectale non congénitale ou non cancéreuse.

Après lui, Goschel, Wiesinger, Korth étudient la question à l'étranger.

Puis nous arrivons à Hofmeister, qui attire l'attention sur les rétrécissements tuberculeux de l'intestin et annonce avoir trouvé 20 observations analogues, ou à peu près, à la sienne, dispersées dans la littérature médicale. Sur ces 20 cas, 12 avaient été l'objet d'un traitement opératoire ; dans les 8 autres, les rétrécissements ne furent trouvés qu'à l'autopsie.

Boschgrewink vient bientôt apporter un nouveau cas, et Lennander publie également plusieurs faits de ce genre. Prochwink et Schiller rapportent des observations analogues.

En 1897, Riche et Chavannaz peuvent encore augmenter

le nombre des faits connus ; puis Lapointe, Besançon, Carel, Claude, font paraître leurs travaux sur ce sujet.

Itié soutient à Montpellier une thèse sur la tuberculose intestinale à forme hypertrophique.

Enfin, dans le cours de l'année dernière, Bernay présente à Lyon une thèse sur les sténoses tuberculeuses de l'intestin grêle, que nous aurions eu le plus vif désir de consulter, mais que, malgré nos instances, il nous a été impossible de nous procurer à la Bibliothèque de la Faculté.

M. Guinard présente à la *Société de Chirurgie*, dans sa séance du 22 mars, un énorme segment d'intestin grêle, réséqué par lui quelques jours auparavant, et dont l'examen histologique fut fait par M. Gombaut.

M. Tuffier présentait une pièce analogue, à la séance du 10 mai suivant.

Puis M. Monnier publiait dans *les Archives provinciales de Médecine* le cas type dont l'étude et l'observation nous ont suggéré l'idée de ce travail.

Exposé du Sujet.

Décidément la question qui nous intéresse, et dont nous voudrions arriver à compléter l'étude, est bien à l'ordre du jour. Mais (et le moment nous semble venu de nous expliquer à ce sujet), nous avons tenu à présenter exclusivement les faits relatifs à l'intestin grêle, et c'est systématiquement que nous laisserons de côté tous les cas concernant le cæcum et le rectum, qui ont surtout servi à éclairer la pathogénie des rétrécissements, pour ne nous occuper que de la tuberculose intestinale, maladie évoluant pour son propre compte, ayant une allure clinique tout à fait spéciale, pour arriver, en fin de compte, au rétrécissement, à la sténose, et qui nous semble jusqu'à ce jour n'avoir pas été mis suffisamment en relief.

Un point de pathologie encore obscur demande toujours à être élucidé ; il importe de ne rien négliger qui puisse contribuer à son éclaircissement, car, ainsi que le fait remarquer M. Robineau, après avoir rapporté l'observation de Hofmeister : si les rétrécissements tuberculeux simples, si la tuberculose iléo-cæcale sont bien connus, les cas de retrécissements multiples sont rares et, sur les 20 signalés par Hofmeister, 8 furent trouvés seulement à l'autopsie.

Description.

Pas plus que les autres organes, l'intestin n'échappe à l'affection tuberculeuse. Mais si dans certains cas, cette manifestation bacillaire n'a fait que succéder aux symptômes pulmonaires qui ont attiré et concentré toute l'attention ; si, en un mot, elle n'est qu'un épisode ultime, la plupart du temps, dans l'envahissement de l'économie par le bacille de Koch, le diagnostic ne saurait offrir de difficulté ; il s'impose, la symptomatologie en étant assez évidente, et l'on rencontre alors les lésions bien connues et bien décrites, que l'on trouve dans toute autopsie de tuberculeux avéré, mort avec des symptômes d'entérite.

Il n'en va pas de même si l'infection de l'intestin par le

bacille est primitive, et elle se laisse alors moins aisément dépister.

Dans les deux cas néanmoins, les lésions sont commandées par l'évolution même du tubercule. Ici, comme dans tout autre organe, celui-ci a tendance à subir au centre la dégénérescence caséeuse, à la périphérie, la métamorphose fibreuse. Ici, comme partout, nous rencontrons les deux tendances inhérentes à tout tubercule.

Or, nous le savons depuis longtemps, les deux processus marchent souvent de pair, ou l'un arrive à l'emporter sur l'autre. Ce travail de sclérose peut même dominer toute la scène, prendre une prépondérance telle qu'il constitue presque à lui seul toute la lésion. Alors la dégénérescence caséeuse est effacée ; les tubercules apparaissent rares. Ce que l'on voit nettement, c'est un tissu conjonctif, jeune ou vieux, mais abondant, au point que les parois intestinales sont hypertrophiées, la lumière rétrécie, et que l'on a sous les yeux les effets d'une méthode trop curatrice, puisqu'elle constitue un danger, le rétrécissement intestinal.

Sans vouloir exagérer, ni pousser trop loin l'analogie, il nous sera permis de rappeler la tendance manifestement scléreuse de certaines localisations bacillaires sur le poumon lui-même. Le 28 octobre 1897 M. A. Monnier présentait à ses collègues un intestin grêle où, à côté de lésions banales, cette forme hypertrophique existait d'une manière frappante. Voici, du reste, cette observation in-extenso.

Observation 1.

[A. Monnier, de Nantes. Chef des travaux d'Anatomie et d'Histologie à l'École de Médecine, Médecin des Hôpitaux].

Il s'agit d'une femme encore jeune, âgée de 35 ans, non mariée. Quand nous fûmes appelé à lui donner nos soins à l'Hôtel-Dieu, elle était déjà cachectique. Son teint jaune paille, ses jambes quelque peu œdématiées, son corps amaigri, sa voix très affaiblie, une diarrhée continuelle, tout cela nous éclairait sur une lésion vraisemblablement grave.

Les *antécédents héréditaires* de cette femme ne fournissaient aucun indice. Personnellement, elle accusait une bronchite antérieure. Elle avait commencé par tousser, disait-elle ; mais sa bronchite avait guéri. C'est peu à peu, progressivement, que s'était installée l'affection pour laquelle elle entrait à l'hôpital, et qui remontait à trois ans environ. Elle avait souffert dans le ventre d'une façon intermittente, tout d'abord, par crises, puis d'une façon continue, avec paroxysmes, en certains points du ventre, puis dans tout l'abdomen. Ces coliques intestinales étaient suivies de diarrhée, d'une diarrhée jamais sanglante, mais devenue incoërcible. Aucune médication n'avait pu l'enrayer.

Le jour où nous examinâmes la malade, la diarrhée était encore profuse. Bien plus, l'estomac était devenu intolérant, même pour les liquides.

Le ventre ne présentait aucune veinosité. Il n'était pas rétracté. Pas de tympanisme à la percussion. En revanche, dans certaines zones, une matité bien nette. La percussion était très douloureuse. En promenant la main sur l'abdomen, on sentait nettement des petites masses cylindriques, allongées, dures, inégales. On les rencontrait non seulement dans la fosse iliaque droite, mais aussi vers la région médiane, un peu partout en un mot. Ces masses, douloureuses, au palper, au point de provoquer des vomissements, étaient mobiles, à la manière des ganglions mésentériques tuméfiés. Le lendemain, on ne les rencontrait plus là où on les avait senties la veille.

Le toucher vaginal et le toucher rectal ne donnaient aucun renseignement. A l'auscultation des poumons, on ne percevait que des signes à peine marqués d'induration pulmonaire : inspiration rude, expiration prolongée, légère submatité. La rate n'était pas grosse. Le foie débordait de quatre à cinq travers de doigt ; mais son bord mousse, régulier, ne présentait aucune sensation anormale.

Cœur normal. Aucun souffle dans les vaisseaux. L'examen du sang révélait une diminution à peine marquée du nombre et du volume des globules rouges. Les globules blancs étaient dans la proportion de 1 pour 200.

Le faciès n'était point grippé. C'était celui d'une anémique arrivée à la période de cachexie, avec ses lèvres et ses conjonctives décolorées, son essoufflement, ses œdèmes. Le pouls très petit, en hypotension, avait une régularité parfaite. La fièvre, au moment de l'examen, et les jours suivants était nulle. Enfin, urines normales.

La cachexie fit des progrès. L'estomac devint, comme l'intestin, complètement intolérant; l'œdème progressa. Le muguet envahit les muqueuses buccale et pharyngienne. La voix s'éteignit peu à peu, et la malade mourut autant d'inanition que de consomption.

Autopsie. — Voici maintenant les résultats de l'autopsie. Les sommets des deux poumons, sur une faible étendue, présentaient, à côté de cicatrices anciennes, des tubercules nettement crétacés ; non loin, quelques rares tubercules, ramollis, témoignant d'une fonte récente. Le reste des deux poumons était absolument sain, à l'exception de quelques lésions d'emphysème. Mais on ne trouvait nulle part trace d'adhérences. On eût dit une tuberculose pulmonaire en voie de guérison.

Cœur petit, enveloppé d'une atmosphère graisseuse sans lésion organique des valvules ; myocarde à aspect légèrement feuille morte.

Plèvres intactes, même au sommet. Quelques ganglions hypertrophiés.

Le foie pesait 2 kgs 800, sans bosselures, ni inégalités ; couleur jaune. Vésicule biliaire à parois intactes, avec bile verte et poisseuse. La rate était normale ; les reins, en voie de dégénérescence graisseuse, mais non amyloïde. Le péritoine était intact. Çà et là quelques ganglions mésentériques, légèrement hypertrophiés, non caséeux. L'estomac, un peu dilaté, avait une muqueuse décolorée, non épaissie, exempte d'ulcérations. Duodénum normal.

L'intestin, une fois détache et libéré de son mésentère, se présentait ainsi : il avait ce que nous appellerons volontiers une forme annelée, une série de dilatations interrompues par des parties rétrécies. On eût dit que, de distance en distance, on l'avait entouré de liens circulaires. La palpation rendait bien compte de cette sensation. L'extrémité pylorique fut attaché à l'embout d'un robinet d'eau, et l'on procéda au lavage. Sous l'influence de la pression, pourtant très légère, les parties dilatées se gonflèrent, et l'eau ne s'écoula qu'avec peine de l'autre extrémité ; la lumière était évidemment rétrécie. L'augmentation de pression amena une rupture.

L'intestin une fois étalé, offrait les lésions suivantes. Les parois intestinales étaient, par places, notablement épaissies. Il suffisait de promener le doigt sur l'étendue de l'organe pour sentir ses épaississements.

Le rectum et la première partie de l'intestin grêle, seuls, semblaient intacts ; tout le reste présentait les lésions que nous allons décrire. Sur les parties malades, on comptait bien vingt-cinq à trente ulcérations. Parmi ces ulcérations, les unes étaient arrondies, ou ovalaires ; c'était le plus petit nombre. Les autres, circulaires, faisaient le tour complet de l'intestin. Les plus larges avaient un diamètre, en longueur, de six centimètres. Leur bord supérieur était nettement découpé, festonné, sans décollement, se continuant avec une muqueuse apparemment normale. Leur surface avait un fond granuleux, parfois boursouflé, lui donnant un aspect gaufré, comme déchiqueté. Les ulcérations étaient de plus en plus nombreuses et étendues au fur et à mesure que l'on approchait du cæcum. A ce niveau même, juste au point d'abouchement de l'intestin grêle, la muqueuse était ulcérée sur une étendue de douze à treize centimètres. En profondeur, elles ne semblaient pas dépasser la muqueuse.

Quelques-unes étaient en même temps végétantes. De plus, ces végétations faisant saillie à l'intérieur de l'intestin, contribuaient à la diminution de son calibre, lequel redevenait normal dans l'intervalle de chacune des ulcérations.

Examen microscopique. — Deux fragments de l'intestin grêle ont été pris ; l'un, au niveau d'une petite ulcération ; l'autre au niveau

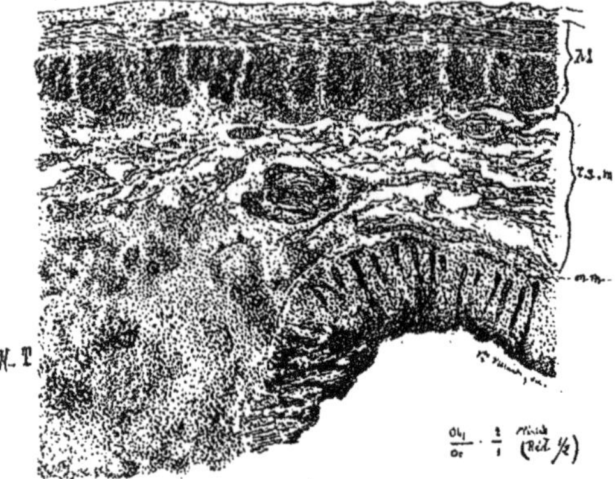

Fig. 1. — Petite ulcération intestinale. — *M*, couche musculaire ; *N. T.* nodule tuberculeux ; *m. m*, muscularis mucosæ ; *T. S. m*, tissu sous-muqueux (Réduction de 1/2 de dessin).

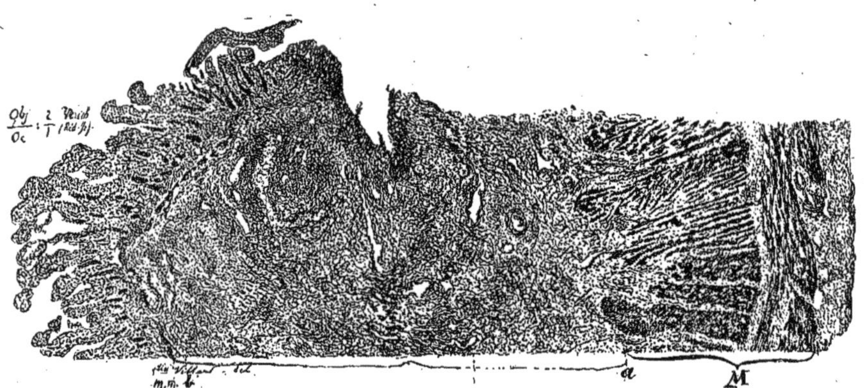

Fig. 2. — Large ulcération intestinale. — *M*, couche musculaire ; *m. m*, muscularis mucosæ ; tissu sous-muqueux de *a* à *b*.

d'une large. Nous nous sommes servi, comme liquides fixateurs, soit de l'aldéhyde formique du commerce, à vingt pour cent, soit du liquide de Müller. Après fixation de ses éléments, chaque fragment a suivi les phases de technique ordinaire, qui précèdent l'enrobement au collodion.

Les procédés de coloration employés ont été soit la coloration simple au carmin aluné, soit la coloration combinée par le picro-carmin, soit la double coloration (éosine-hématoxyline; hémaphéine et picro-carmin. Nous avons examiné ainsi chacune des préparations fournies par chacun des procédés de coloration (150 environ). Nous avons fait dessiner deux d'entre elles par l'habile et obligeant préparateur du Laboratoire, M. Villard, que nous tenons à remercier ici. Elles sont, croyons-nous, très convaincantes. J'ajoute qu'elles ont été dessinées à la chambre claire et qu'elles sont, par conséquent, rigoureusement exactes.

L'une a subi la coloration simple par le carmin aluné; l'autre, la double coloration (hématoxyline et picro-carmin).

En vérité, le seul examen à l'œil nu de ces deux dessins suffit à emporter la conviction. Aussi serons-nous sobre de détails microscopiques. Ceux-ci ressemblent d'ailleurs à ceux déjà décrits par les auteurs, qui se sont occupés de la question.

La *Fig.* 1 est destinée à montrer la nature tuberculeuse de la lésion. D'autre part, elle met en relief le travail de sclérose, qui s'opère déjà dans la sous-muqueuse et que nous trouvons complètement réalisé dans la *Fig.* 2. A un faible grossissement (*Obj.* 2; *Oc.* 1), il est aisé de reconnaître que l'épithélium de la muqueuse a totalement disparu. Ce qui reste de celle-ci est envahi par une infiltration intense de cellules embryonnaires. Çà et là quelques culs-de-sac sont encore évidents. On reconnaît aussi la muscularis mucosæ. Vient ensuite la tunique sous-muqueuse. Celle-ci paraît plus épaisse que normalement dans la partie droite du dessin, et déjà triplée à gauche. D'une façon générale, il y a profusion et diffusion de cellules embryonnaires. Par places, ces cellules groupées forment des nodules, assez rares d'ailleurs, relativement au nombre de coupes examinées. Parmi ces nodules, quelques-uns rappellent les nodules tuberculeux. Çà et là des vaisseaux. Les couches musculaires n'offrent rien de particulier, si ce n'est qu'elles sont aussi bourrées de cellules embryonnaires. La couche conjonctive la plus externe a son épaisseur normale.

Si on augmente le grossissement, ces détails sont amplement confirmés. Les culs-de-sac glandulaires existants sont élargis et ont leurs cellules pour la plupart intactes. Il n'en est pas de même des conduits glandulaires, qui présentent une desquamation évidente de cellules à noyau non coloré. La muscularis mucosæ a ses fibres distendues, éparpillées par des cellules embryonnaires. Les nodules ont deux aspects : nodules à cellules franchement colorées et nodules n'ayant pas pris la couleur, à centre même caséeux. D'autres forment couronne autour d'un capillaire.

Les capillaires de nouvelle formation sont en nombre assez considérable. Quant aux tuniques vasculaires, elles ne paraissent pas trop altérées.

La *Fig*. 2 provient du même organe. Il ne représente qu'une portion de l'intestin sectionné juste au point où le caractère proliférant de la lésion nous a paru le plus évident. La lésion ici est à son comble.

Avec *l'Objectif* 2 et *l'Oculaire* 1, nous constatons que la muqueuse a également disparu. Les culs-de-sac glandulaires apparaissent sous forme de points sombres, perdus au milieu de noyaux embryonnaires infiltrés. La sous-muqueuse est, de toutes les tuniques, la plus frappante.

Elle paraît avoir quatre ou cinq fois l'épaisseur qu'elle a habituellement. De plus, de lâche qu'elle est, elle est ici dense et touffue. C'est une large nappe de tissu conjonctif, d'où partent des bandes roses plus minces, qui plongent entre les muscles et vont rejoindre une autre bande conjonctive transversale, interposée entre les deux couches musculaires. On reconnaît ici et là des vaisseaux avec manchon de cellules embryonnaires. Celles-ci forment, par places, de véritables amas.

Avec un objectif plus puissant, on voit que ce qui reste des glandes est envahi, étouffé par du tissu conjonctif jeune. Mais ce qui frappe surtout, c'est, avec la grande épaisseur de la sous-muqueuse, la disposition du tissu conjonctif, séparant, dissociant les faisceaux musculaires, et tranchant par sa couleur rose sur le fond jaune de ceux-ci. Les artères ont des parois légèrement enflammées.

Le microscope nous met donc sous les yeux, avec une netteté remarquable, dans des proportions d'intensité et d'étendue différentes, des lésions sur lesquelles il serait superflu de nous arrêter.

La première figure (*Fig*. 1), nous montre une infiltration de toutes les tuniques intestinales, infiltration surtout remarquable au niveau de la tunique sous-muqueuse de l'intestin. En même temps que cette infiltration, nous reconnaissons des nodules tuberculeux. Nous trouvons, en un mot, tous les caractères d'une sclérose commençante.

Sur la seconde préparation (*Fig.* 2.), la sclérose est, au contraire, constituée. Elle est définitive et embrasse la tunique sous-muqueuse toute entière, dont l'épaisseur, nous le répétons, est énorme. Chose à noter, le tissu conjonctif est d'autant plus jeune que l'on se dirige vers la lumière de l'intestin. C'est une preuve que nous n'avons pas affaire ici à une lésion purement cicatricielle.

Il est indéniable que cette lésion dont nous venons de faire sommairement l'étude, est une lésion à caractères absolument tranchés. Elle est constituée par un véritable travail de sclérose, qui s'est effectué au sein même de la sous-muqueuse, et qui semble avoir suivi dans son évolution une marche inverse à celle qu'exige la cicatrisation d'une ulcération banale.

Enfin, il n'est pas moins évident, bien que la confirmation bactériologique n'ait pas été recherchée, qu'il s'agit là d'un processus tuberculeux, d'un processus tout à fait particulier, que l'on a bien fait de nommer « forme hypertrophique de tuberculose intestinale » ; car ici ce qui domine, c'est le rétrécissement par épaississement de la paroi de l'intestin : cette sténose constitue une forme clinique bien spéciale, et cette localisation bacillaire présente un réel intérêt.

Ce processus qui, commençant par la sclérose, aboutit au rétrécissement, avait déjà frappé les observateurs, ainsi qu'en témoigne l'historique placé au début de ce travail.

Anatomie pathologique.

De la lecture de l'Observation qui précède et de celles que nous avons réunies dans le cours de cette étude, nous croyons légitime de faire ressortir ce qui suit :

La tumeur peut être unique, mais le plus souvent le nombre des rétrécissements de l'intestin grêle est multiple et varie de 2 à 12; il a toujours été impossible de se douter de la multiplicité des rétrécissements avant l'ouverture de l'abdomen. Comme étendue, si l'on a observé un rétrécissement très faible et ressemblant à un anneau, il convient de remarquer que le segment rétréci atteint quelquefois 2, 4, 6 centimètres. Le calibre du rétrécissement est également très variable ; l'épaisseur des parois peut être telle que la lumière de l'intestin se trouve réduite au volume d'un crayon, d'une sonde. Il est facile de se rendre compte, dans ces conditions, des phénomènes objectifs d'obstruction.

Comme conséquence naturelle de cet obstacle, on voit alors apparaître la dilatation du segment intestinal situé audessus, qui peut atteindre le volume du gros intestin, ou même simuler l'estomac dilaté, cause fréquente d'erreur d'interprétation ; en même temps les parois distendues sont manifestement hypertrophiées. L'hypertrophie porte sur la couche musculaire ; dans un cas cependant, l'énorme épaississement de la paroi intestinale était causé par hyperplasie conjonctive qui envahissait toutes les couches ; les artères étaient augmentées et fibreuses. On voyait partout les irradiations du tissu conjonctif qui enveloppait les éléments nobles. Les fibres musculaires étaient en voie d'atrophie; les glandes avaient disparu.

Au-dessous de la lésion sténosante, se remarque précisément un phénomène inverse, que nous considérons comme une véritable atrophie de l'organe devenu inactif.

Enfin, il n'est pas rare de constater des adhérences avec les organes voisins, et particulièrement le péritoine et la vessie.

De même, la tuméfaction et la caséification des ganglions mésentériques vient encore confirmer la nature infectieuse des lésions primitivement intestinales. Du reste, les pièces qui proviennent des opérations de Kœnig, montrent qu'il s'agit bien là de lésions tuberculeuses, et que le doute n'est pas possible. Ces rétrécissements sont, en général, très serrés et assez étendus ; ainsi que nous le disions plus haut, ils semblent avoir leur siège de prédilection vers la fin de l'intestin grêle, dans le dernier tiers.

D'après ce qui précède, un fait semble bien établi : qu'il existe pour l'intestin grêle, comme pour le gros intestin, un mode d'évolution assez spécial de la tuberculose, une véritable sclérose hypertrophique, pouvant occasionner des rétrécissements multiples de l'intestin.

Les troubles occasionnés par une semblable lésion sont faciles à deviner. Ils seront ceux que produit tout obstacle s'opposant au cours régulier des matières, indépendamment de sa constitution, et simuleront ainsi l'occlusion.

De plus, par suite de la sténose, le chimisme intestinal sera profondément modifié et donnera naissance à une intoxication stercorémique avec toutes ses conséquences.

Etiologie. Pathogénie.

Sur l'étiologie nous serons bref, n'ayant constaté rien de bien péremptoire dans les conditions d'âge, de sexe, de profession, etc. Après avoir trouvé toutes les causes depuis longtemps invoquées pour la pénétration, dans l'économie, du bacille de Koch, nous formulerons toutefois cette opinion, c'est que nous nous trouvons ici en présence d'une forme plutôt atténuée de bacilles, probablement moins virulents, et, ce qui semble bien confirmer notre manière de voir, c'est que la concomitance des lésions pulmonaires est ici l'exception.

Nous sommes donc réduits à invoquer les causes banales d'absorption du bacille tuberculeux par un organisme doué d'une puissance de résistance convenable, mais dont le tube digestif serait en état de meiopragie, soit héréditairement, soit à la suite d'un traumatisme, soit encore, et plutôt, par une symbiose bactérienne.

Symptomatologie.

La période prodromique est remarquable par la lenteur de son évolution et le peu de netteté des symptômes ; elle se manifeste le plus ordinairement par des troubles digestifs et des douleurs mal localisées ; il peut se rencontrer toutefois un début brusque et soudain.

Mais, dans la plupart des cas, après des crises de diarrhée, voire même une constipation opiniâtre, le malade arrive à la période d'état. Dès lors nous assistons à un spectacle tout différent.

Les douleurs priment tout, elles se produisent ordinairement par crises et sont horriblement douloureuses ; elles semblent se localiser de préférence à la fosse iliaque droite. Nous tenons à attirer spécialement l'attention sur un fait d'ordinaire bien observé par les malades ou leur entourage : c'est la perception de bruits musicaux se produisant au moment des crises.

Enfin, on ne tarde pas à voir s'établir une véritable constipation, interrompue par une diarrhée très liquide, très abondante et s'accompagnant d'une émission impétueuse de gaz ; le melæna est plutôt l'exception ; les vomissements, au contraire, sont fréquents ; nous ne croyons pas pouvoir mieux faire que de rapporter ici la description donnée par Boschgrewink, et qu'on peut prendre pour type.

Au moment où le malade succomba, l'affection remontait à six ans et avait présenté dans son évolution quatre périodes. Dans la première, qui dura un an environ, la caractéristique fut des crises de diarrhée ; la deuxième évolua en trois ou quatre ans, remarquable par des accès de coliques survenant à des intervalles de plus en plus rapprochés et accompagnées de borborygmes perceptibles à distance ; les coliques apparaissaient après les évacuations alvines, surtout après absorption d'un laxatif ; on percevait à droite de l'ombilic un segment intestinal dilaté, mat à la percussion ; durant la troisième période, douleurs continues et signes de dilatation stomacale ; les accès de coliques avaient disparu par suite de l'atonie intestinale consécutive aux troubles de la nutrition ; quatrième période, période ultime, symptômes d'anémie et de cachexie profonde.

D'après Kœnig, l'existence des crises douloureuses serait bien spéciale à cette affection ; lorsqu'elles se produisent, il y aurait d'abord arrêt des matières à l'entrée du détroit, avec ballonnement et tympanisme limité. Puis, cessation subite des accidents, avec production d'un bruit caractéristique indiquant le rétablissement du fonctionnement de l'intestin. « C'est comme si on poussait un liquide dans une seringue.» Il convient d'insister tout particulièrement sur la succession et les caractères spéciaux de ces bruits.

Après la colique, l'évacuation gazeuse étant opérée, le ventre se rétracte et les douleurs cessent.

Pour nous résumer : en dehors de l'état général, qui est celui de l'anémie et de la faiblesse, en dehors des vomissements, la symptomatologie est réduite à la diarrhée incoercible, à des accès de coliques accompagnés de douleurs vives, pendant que le ventre est très ballonné, mais permet cependant de constater les mouvements péristaltiques de l'intestin, et enfin à des bruits spéciaux, offrant des timbres particuliers suivant le moment observé, et parfois à la perception de petites tumeurs abdominales, cylindriques, dures, mobiles, et particulièrement douloureuses.

Pronostic et Diagnostic.

Malgré son importance, nous ne le dissimulerons pas, le diagnostic ne laisse pas d'être hérissé de difficultés.

Cela, du reste, se comprend aisément : la plupart des symptômes observés étant communs à bon nombre d'affections au début, l'hésitation est permise. Le plus souvent on pense à une tumeur abdominale, à de l'occlusion intestinale, à l'appendicite ; ce n'est qu'à l'occasion de l'intervention que la nature véritable de l'affection est reconnue. Il importe néanmoins de remarquer que, à l'inverse du cancer, on observe plutôt cette forme localisée sur des sujets jeunes.

Parmi les autres causes d'erreurs le plus souvent commises, nous signalerons l'ulcus simplex et l'exùlcératio de l'estomac ; la péritonite chronique tuberculeuse, les affections du rein droit, et chez la femme, les tumeurs salpingiennes ou ovariennes.

Pour éviter autant que possible la méprise, il faut analyser scrupuleusement tous les symptômes pris isolément, cela va de soi, mais tenir surtout grand compte de leur ensemble et de leur succession.

Jusqu'à ces dernières années, le pronostic de cette manifestation tuberculeuse était à bon droit regardé comme très sombre. Le malade, s'il n'était pas emporté par quelque complication, ne semblait-il pas voué au péril d'un processus trop curateur, aboutissant au rétrécissement intestinal ; aussi M. Monnier concluait-il : « Pour nous, notre conviction est faite : médecin ou chirurgien, nous ne pouvons rien contre la lésion, et bien peu contre ses complications. Quoi que nous voulions, quoi que nous fassions, celle-ci s'arrêtera ou progressera. Le temps conduira son œuvre et l'achèvera. Nous assisterons impuissants à l'évolution du mal. Notre médication ne saurait être que palliative et morale ».

Il est permis aujourd'hui d'envisager la question d'un œil plus confiant, et, si l'on est appelé trop tard pour essayer un traitement médical, si l'on se trouve déjà en présence de symptômes faisant redouter à brève échéance les phénomènes d'obstruction, nous pensons qu'il est du devoir du praticien de ne pas abandonner encore tout espoir, et de proposer l'intervention chirurgicale, qui compte à son actif de fort beaux résultats.

Traitement.

Et maintenant, que faire en pareille occurrence ? « Rien de bien profitable au patient, répondra-t-on ; la lésion est inaccessible et incurable, autant que la diarrhée est incoercible ».

D'un autre côté cependant, le chirurgien, plus audacieux, n'a pas craint d'intervenir, et Hofmeister va jusqu'à trouver le traitement relativement simple, lorsque les sténoses sont très rapprochées, ou même que l'on soit amené à faire deux résections séparées par un segment d'intestin normal, utile à conserver.

Nous partageons sur ce sujet l'avis exprimé par M. Monnier et ne pensons pas que le traitement soit aussi simple qu'on veut bien le dire, car il est bien rare que sur le grêle la lésion soit isolée.

D'autre part cependant, la lecture du mémoire de Pantaloni semble justifier la hardiesse du bistouri, et nous croyons nous rapprocher suffisamment de la vérité en disant : si, au point de vue thérapeutique, la résection étendue de l'intestin grêle (jusqu'à 2 mètres) a donné des guérisons, elle n'est pas recommandable ; l'anus contre nature devrait être placé trop haut ; l'entéro-anastomose semble donc être l'opération de choix. Ce que nous venons de dire s'applique, ainsi que nous l'avons fait déjà observer, à la lésion déjà constituée et s'accompagnant de troubles fonctionnels incompatibles avec la vie à bref délai ; mais ne nous sera-t-il pas permis d'essayer de prévenir semblable échéance ? Assurément, et nous allons exposer notre manière de voir à ce sujet.

Nous voulons parler de la méthode de Cantani. MM. Lesage et Dauriac ont publié dans la *Gazette des Hôpitaux* un manuel opératoire que nous reproduisons ci-après, et que nous sommes disposé à accepter sans la plus légère modication, avant toutefois la période de dilatation intestinale, qui devient une contre-indication formelle.

Le malade est placé horizontalement sur le lit, la hanche gauche légèrement relevée par un coussin, de façon à mettre le cæcum dans une situation déclive. Cette position spéciale a pour but de permettre au liquide de chasser du cæcum les gaz qui s'y accumulent en grande abondance. Ceci fait, on introduit dans le rectum une sonde en caoutchouc, telle que la sonde de Debove, jusqu'au milieu du côlon transverse. On peut sentir par la palpation à cet endroit, l'extrémité mobile de l'instrument qui vient buter contre la paroi abdominale. L'autre extrémité de la sonde, en dehors de l'anus, est réunie par un tube de caoutchouc de 1 m., muni d'un robinet, à un bock rempli de 8 à 10 litres de liquide chauffé à 40 degrés environ. Ce réservoir est élevé à peine au-dessus du plan horizontal du malade (de 20 à 30 centimètres environ). On laisse couler le liquide, qui, doucement et sous une très faible pression, vient remplir le cæcum, ainsi que le côlon transverse. Il est évident que, pour éviter la sortie du liquide par l'anus, on devra obturer complètement cet orifice à l'aide d'un tampon de coton ou d'un appareil approprié que l'un de nous fait construire actuellement chez Galante.

Le cæcum se remplit ainsi progressivement, mais sans

éprouver aucune distension. La percussion et la palpation de la région cæcale indiquent ce faible degré de replétion. Cette dernière obtenue doucement, progressivement, sous faible pression, permet l'accès du liquide dans l'intestin grêle.

Lorsque 3 litres sont écoulés, l'aide qui tient le bock (placé à 20 ou 30 centimètres de hauteur), regarde le niveau d'eau. Si le niveau continue à baisser, il maintient cette situation ; si, au contraire, le niveau reste stationnaire, il élèvera doucement le bock, et d'une faible hauteur, pour augmenter un peu la pression, et ainsi de suite jusqu'à l'écoulement de la totalité du liquide.

Il faut, en effet, suivre attentivement, à l'aide du niveau d'eau, les variations de l'hydrostatique intestinale. La pénétration du liquide dans l'intestin ne se fait pas aussi simplement que l'on pourrait se l'imaginer. Il faut tenir grand compte de la présence des gaz. Dans chaque anse intestinale, le liquide vient occuper la partie déclive, et les gaz, la partie culminante. En suivant les indications données par le niveau d'eau, on attend la répartition spontanée du liquide dans tout l'intestin grêle. Dès que celui-ci se remplit, on voit apparaître de la matité sur le côté droit et au-dessus de la vessie, puis sur les côtés du ventre. Au contraire, autour de l'ombilic, l'abdomen proémine légèrement et devient sonore. Ceci est dû au refoulement des gaz qui viennent former un coussinet aérien péri-ombilical. Par suite de la situation horizontale du malade, le liquide s'étale dans tout l'intestin grêle, et cela sans le distendre, si bien que, à partir du sixième litre, le liquide pénètre dans l'estomac. Immédiatement, le malade a des nausées ou des vomissements, qui consistent en le rejet du liquide injecté, souillé plus ou moins par les matières fécales.

Le vomissement est le meilleur signe qui indique l'entrée du liquide dans l'estomac. On ne peut guère se fier sur le clapotage stomacal, qu'il est très difficile de différencier du clapotage côlique. L'espace de Traube peut devenir mat à la percussion.

Durant tout ce temps, le niveau du liquide baisse doucement dans le bock. On évitera toute pression inutile en suivant exactement les indications données par le niveau d'eau. Elles inscrivent fidèlement les modifications qui se passent dans la cavité digestive. Ceci est d'une importance capitale, car il faut laisser en quelque sorte l'intestin aspirer le liquide.

On arrive progressivement à lever le bock à 40, 50 centimètres. Ces hauteurs pourront être dépassées, si l'écoulement ne se fait plus.

Nous avons constaté que, pendant le lavage, le cœur et le poumon ne subissent aucune compression, par suite de l'absence de distension abdominale. Dès que le liquide est parvenu dans l'estomac (à partir du sixième litre), on continue à injecter encore 1,2 et 3 litres, puis l'on peut procéder de la façon suivante : ou retirer simplement la sonde, et immédiatement un flot de liquide s'échappe par l'anus, ou bien laisser faire l'évacuation intestinale, tout en laissant la sonde à demeure pour pouvoir faire un second lavage.

Cette méthode est d'une application simple et ne présente aucun danger. Elle est basée : 1° sur l'emploi d'une grande quantité de liquide ; 2° sur la faible pression employée (en cela on obéit à la répartition spontanée du liquide et aux lois de l'hydrostatique intestinale) ; 3° sur la lenteur de l'écoulement, destinée à éviter toute distension partielle localisée dans une anse ; 4° sur la position horizontale, qui favorise l'étalement du liquide ; 5° sur la situation déclive que l'on donne au cæcum.

Le liquide injecté serait dans ce cas additionné, soit simplement de chlorure de sodium, soit d'un antiseptique faible et à dose tout à fait réduite, tel que acide lactique, tannique, benzo-naphtol, soit encore de phosphate de soude dans la proportion de 2 à 5 pour mille. Pour l'adulte, il faut environ 8 litres ; les quantités varieront d'ailleurs suivant les différences individuelles. On se fiera sur l'apparition du vomissement et sur les variations du niveau d'eau.

Ce procédé a déjà été employé dans le choléra, les entérites, les ictères ; il a été fait quelques essais dans la fièvre typhoïde ; peut-être des restrictions sont-elles à faire lorsque le tympanisme est très marqué. On pourra faire usage de ce mode de traitement dans les auto-intoxications intestinales, l'urémie, l'occlusion intestinale, etc.

Nous croyons bon d'insister sur la position spéciale à donner au malade. Nous avons ainsi pour but, nous ne craignons pas de nous répéter, d'éviter la compression des gaz dans le cæcum, par le liquide injecté. La pression employée ne serait jamais suffisante pour refouler ces gaz à travers l'orifice iléo-cæcal.

Il se passe, en effet, le phénomène suivant : au début du lavage, tous les gaz contenus dans le gros intestin sont refoulés peu à peu et s'accumulent dans le côlon ascendant et le cæcum.

Au fur et à mesure des progrès de l'injection ils acquièrent dans cet intestin une tension considérable, qui suffit pour appliquer l'une contre l'autre les deux lèvres de la valvule iléo-cæcale. Le liquide ayant à comprimer un gaz, ne progresse plus. Pour nous servir d'une comparaison, nous dirons qu'il se passe ici ce que l'on observe dans la chambre à air du manomètre ; cette chambre à air est représentée par le cæcum et son contenu gazeux. Il est donc nécessaire d'employer la position déclive, qui facilite l'échappement des gaz dans le côlon transverse et permet au liquide de remplir le cæcum et de parvenir ainsi à la valvule, qui s'ouvre dès que la tension cesse.

Observation II (Kœnig).

Tuberculose de l'intestin grêle. Résection. Mort par suture insuffisante (Péritonite septique). — Autopsie.

Un homme de 26 ans, Fr. W.., est reçu le 5 décembre 1890. Provenant d'une famille tuberculeuse, il avait été, sauf pour l'affection intestinale commencée il y a neuf ans, toujours bien portant. A cette époque là, il fut pris subitement de douleurs intenses du ventre, ballonnement du ventre, constipation et vomissements. Ces accidents se répétaient depuis lors à des intervalles irréguliers. Aux organes thoraciques, on ne trouvait rien d'anormal.

A l'examen, on trouve l'abdomen tendu, ballonné, une matité sur les côtés. En donnant de petits coups sur sa partie postéro-inférieure, on entend et on sent nettement un bruit de clapotage. Souvent surviennent des accès de coliques intenses ; le ventre se gonfle alors, et on voit à travers la paroi les mouvements de l'intestin. Il se produit à ce moment des bruits particuliers de clapotage et de tintement. Le bruit, finalement, prend le caractère comme si un liquide était poussé dans une seringue. Avec ce bruit, le ventre se rétracte et la colique disparaît. Les selles ont l'aspect d'une bouillie.

Opération. — Le 11 décembre, après une incision médiane de 20 centimètres, l'intestin grêle, fortement boursouflé, s'élance aussitôt de la plaie. Après avoir attiré une portion de 1 m. 50, que l'on repoussait aussitôt dans le ventre, on arrive à un endroit notablement rétréci, qui mesure 2 centimètres 1/2 en longueur et dont la séreuse est marquée de cicatrices. Au delà de lui l'intestin est vide. Les ganglions mésentériques correspondant à cette portion sont tuméfiés. Dans le ventre, on trouve des quantités modérées d'un liquide transparent. L'intestin, attiré devant la plaie de la façon habituelle, est conservé et la plaie abdominale est en grande partie provisoirement fermée. On résèque ensuite une portion de 8 à 9 centimètres et on pratique une double suture. L'opération dure plus de deux heures.

Suites. — Le premier jour, il y a de la fièvre et des vomissements ; puis le malade se porte mieux ; le troisième jour, même état, qui se maintient à une basse température jusqu'au sixième jour. Collapsus et mort.

Autopsie. — Elle montre d'abord l'existence d'une fine perforation dans la ligne de suture, ainsi que celle d'une péritonite purulente. Dans l'intestin grêle, on trouve encore des ulcérations multiples. Le cæcum se montre transformé en une seule grande ulcération, surtout autour de l'appendice vermiforme, où l'on voit une récente hémorragie. Il est possible que la péritonite a eu aussi là son point de départ. Les ganglions mésentériques étaient caséeux. Ceux des bronchioles étaient calcifiés et durs comme de la pierre ; les poumons, sains dans le reste, montrent dans le lobe supérieur droit une pneumonie fibrineuse récente. Les follicules de la rate ont subi la dégénérescence amyloïde.

La portion réséquée de l'intestin (longue de 7 centimètres) montre une partie afférente de 8 centimètres de largeur et une partie efférente plus étroite (3 centimètres) ; la première est hypertrophiée, surtout aux dépens de la musculaire ; la dernière, mince et atrophiée. La partie rétrécie proprement dite est longue de un demi-centimètre et extraordinairement étroite (3 millimètres). Sur l'intestin non ouvert, on trouva la séreuse pleine de cicatrices. La lumière du rétrécissement était traversée par un point de muqueuse. A la coupe, on voit encore à l'endroit rétréci un ulcère s'étendant sous forme d'entonnoir jusqu'à la séreuse, ulcère dont le fond était recouvert de lambeaux nécrosés. A côté de lui, la muqueuse était détruite sous forme de frange et de petits ponts minés. Depuis le rétrécissement jusqu'en haut de la portion afférente dilatée, s'étend circulairement un ulcère aplati de la muqueuse, franchement tuberculeuse. — Dans le domaine de la sous-muqueuse de la région malade se trouvent de nombreuses tubercules caractéristiques.

Observation III (Kœnig).

Tuberculose de l'intestin grêle. Résection. Guérison.

F..., 52 ans, entre au service le 2 septembre 1891. Elle souffre depuis 6 mois environ. Perte d'appétit et amaigrissement considérable, surtout depuis le mois de juillet. Coliques violentes, constipation. La femme a eu deux enfants ; elle prétend n'avoir jamais été malade antérieurement. Rien au cœur, ni aux poumons ; gonflement abdominal.

La malade ne va à la selle que par des moyens artificiels. Vomissements répétés (quelquefois de matières fécales) et violentes attaques de colique. Dès que l'on percute le ventre, on voit les mouvements péristaltiques de l'intestin grêle. Son tympanique obscur, obtenu par la percussion. Pendant les crises, on entend des bruits musicaux.

Opération, *le 6 septembre*. — Laparotomie. Les bouts gonflés de l'intestin sortent immédiatement de l'incision médiane. En même temps coule un liquide abondant, légèrement trouble. A l'extrémité inférieure de la partie gonflée de l'intestin, existe un léger étranglement circulaire de la séreuse. L'intestin se rétrécit soudain, devient dur, en forme de corde. Ganglion gros comme une noisette dans le mésentère de la partie malade.

Résection de 14 centimètres d'intestin. Pour suturer les deux bouts supérieur et inférieur qui ne s'adaptent pas, on fait d'abord une incision longitudinale sur le bout inférieur. Puis suture ordinaire.

Examen de la pièce. — La partie élargie de l'intestin a 11 centimètres ; la partie étroite inférieure en a 4. La partie strictive laisse à peine passer une mince sonde.

Comme longueur, la structure mesure 2 cent. 1/2. Le bout supérieur est très hypertrophié, surtout dans sa couche musculeuse. Au niveau de la structure, les parois sont considérablement épaissies ; la muqueuse y est en grande partie détruite. On y trouve, au centre, un corps étranger, une tige de prune.

L'extrémité large de cette tige en forme de bouton, celle qui s'adapte au fruit, plonge dans l'étroite lumière de la sténose, tandis que l'autre extrémité est plantée perpendiculairement dans

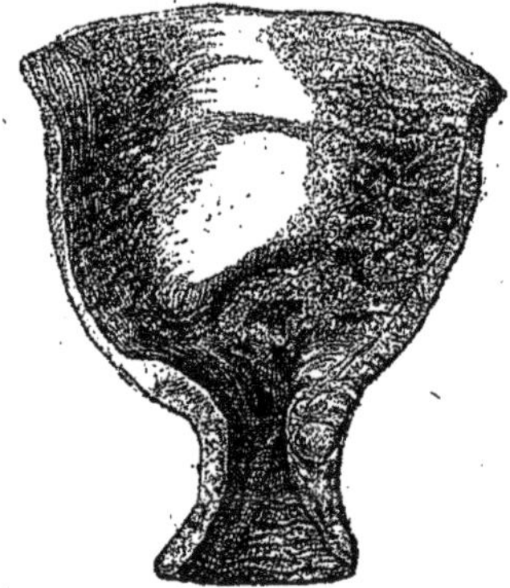

Fig. 3. — Rétrécissement tuberculeux de l'intestin grêle (Kœnig).

une profonde ulcération et est sur le point de perforer la séreuse. L'ulcération s'étend encore à 1 centimètre hors de la structure sur le bout inférieur vide du gros intestin. En dehors, on voit, correspondant à la sténose, un rétrécissement profond circulaire, cicatrisé à la surface de la séreuse.

On trouve dans la paroi épaissie et ulcérée, au niveau de la sténose, de nombreux tubercules qui siègent dans la muqueuse et dans la sous-muqueuse (*Fig.* 3).

Suites opératoires. — Après l'opération, pas de fièvre et aucun trouble. A partir du dixième jour, elle va régulièrement à la selle. La cinquième semaine, elle sort. En décembre 1891, sa santé était toujours excellente.

OBSERVATION IV (Kœnig).

Tuberculose de l'intestin grêle. Résection. Guérison.

Un homme de 24 ans entre le 15 janvier 1890. Il a des douleurs intestinales depuis trois ans et demi, survenant sous forme de crises avec gonflement du ventre et bruits métalliques particuliers, qui peuvent être entendus.

Les coliques ne survenaient d'abord que toutes les quelques semaines, le malade allant à la selle irrégulièrement et en diarrhée. Ensuite elles sont apparues plusieurs fois dans la semaine. En ces derniers temps enfin elles sont devenues très fréquentes : à trois reprises. vomissements de matières fécaloïdes.

État actuel. — Homme pâle et amaigri. Ventre gonflé dans la portion sous-ombilicale. Sonorité tympanique. Par la succussion, on peut produire des bruits de clapotement. En faisant la succussion, on perçoit à travers la paroi abdominale un mouvement péristaltique de l'intestin.

Le 19 janvier, on observe de vives douleurs ; le ventre se gonfle fortement et devient dur. Au bout de deux minutes, on entend un bruit particulier, musical, tintant comme si un jet d'eau était lancé par une pompe. Après quoi le ventre se dégonfle et l'attaque est passée.

De pareilles attaques se produisent maintenant tous les jours.

20 Janvier 1890. — Laparotomie. Grande incision médiane de l'appendice xiphoïde à la symphyse. De la cavité abdominale s'écoule peu de liquide clair et les anses intestinales font issue, remplies de gaz et de matières. Une anse située à droite est très élargie ; c'est d'elle probablement que provenait le bruit clapotant de succussion. A cette anse fait suite une autre portion intestinale étroite et vide On tire au dehors cette partie étroite, puis on suture partiellement le ventre. Résection d'un morceau d'intestin d'environ 12 centimètres ; suture. Extirpation d'une certaine quantité de ganglions tuberculeux mésentériques.

EXAMEN DE LA PIÈCE. — La lumièro intestinale est réduite à son minimum. De l'eau versée dans la partie intestinale élargie ne s'écoule que goutte à goutte de la stricture. Le bout supérieur a une paroi supérieure très épaisse, grâce à l'hypertrophie de la musculeuse. Dans cette partie d'intestin, la muqueuse est normale. Environ 2 centimètres 1/2 au-dessus de l'endroit sténosé, commence une ulcération circulaire, plate et tuberculeuse. Plus bas, près de la stricture, existent d'autres ulcérations plus profondes. Les parois de la sténose sont considérablement épaissies et sont le siège d'inflammation chronique. A l'examen microscopique, dans ce tissu inflammatoire, on trouve des tubercules (*Fig.* 4).

Fig. 4. — Rétrécissement tuberculeux de l'intestin grêle (Kœnig).

Suites opératoires. — Pendant quelques jours, lavements nutritifs ; puis nourriture liquide. Guérison sans autres symptômes. Le 3 février, pour la première fois, le malade va à la selle sans douleur. Le 3 mars, le malade qui a déjà repris ses forces, sort de l'hôpital. Au bout d'une année, il est revenu en bonne santé.

OBSERVATION V (Wite. Th. de Greifswald, 1897) (Résumée).

Tuberculose de l'intestin grêle. Résection. Guérison.

Homme, 17 ans. Depuis l'âge de 10 ans, douleurs d'estomac et diarrhée fréquentes. En juin 1885, entérite de 5 semaines de durée. Récidive en octobre 1895 et en octobre 1896. A la fin de la deuxième récidive, le patient remarque de la rougeur au nombril, puis une ulcération qui s'établit d'elle-même. Issue de liquide purulent; simultanément, issue par le rectum, de matières purulentes dont la quantité était d'environ 1/4 de litre. Pansements humides antiseptiques jusqu'à guérison de l'ulcère.

Le 21 février 1897, l'ulcération reparaît à la même place et sans la moindre cause. Guérison progressive. Le 21 mars, l'ulcération reparaît de nouveau ; issue de pus et de matières fécales. Pansements humides.

Le patient entre à la clinique du professeur Helferich, le 11 août 1897.

Rien au cœur ou au poumon. A la place du nombril et dans sa dépression, on trouve un orifice fistuleux, par lequel s'écoulent des matières fécales épaisses. L'exploration montre que la fistule va vers la symphyse ; cette exploration est douloureuse. Au voisinage du nombril, on trouve une tumeur très voisine de la paroi. Elle offre un aspect assez dur. Elle est mobile dans la profondeur. Matité. Après insufflation du rectum, elle disparaît et à sa place, le son devient tympanique.

Par pression sur la tumeur, il ne sort aucun gaz, ni matière intestinale de la fistule. La palpation de la région cæcale n'est pas douloureuse ; on n'y trouve pas de tumeur. Garde-robes spontanées, régulières, non douloureuses. Pas de coliques.

Opération, *le 15 avril 1897.* — Incision sur le côté droit, à côté de l'ombilic, s'approfondissant jusqu'à ce que le trajet fistuleux soit mis à nu.

Ensuite, par une incision fusiforme, l'ombilic est excisé avec la peau environnante et le commencement de la fistule, qui mène dans une cavité creuse, sous la paroi abdominale, appartenant manifestement à une ampoule d'une portion d'intestin dilatée.

L'incision abdominale est prolongée en bas jusque vers la symphyse. Là le péritoine est ouvert et montre qu'une anse très dilatée est adhérente à la paroi, là où finit le trajet fistuleux. Après que celui-ci et l'intestin adhérent ouvert ont été comblés par des compresses, la cavité péritonéale est encore ouverte vers le haut.

L'anse intestinale malade est alors libérée de la paroi abdominale et des tissus enflammés avoisinants par de douces tractions. Elle est sortie de la cavité abdominale et examinée attentivement.

On voit alors que cette portion d'intestin, dans sa partie dilatée, présente à sa surface un aspect inflammatoire. Épaissie et infiltrée, elle a perdu son aspect poli et brillant. Près de l'ouverture volumineuse, praticable facilement pour le doigt, se trouve un point où l'intestin offre circulairement l'aspect d'une masse cartilagineuse.

Plus loin, une deuxième ouverture plus petite, avec bords ulcérés, laisse pénétrer une sonde dans la lumière intestinale. Le doigt introduit dans la grande ouverture, constate que dans la région de l'épaississement cartilagineux, une très étroite stricture est constituée.

Après examen de la partie intestinale étalée, on trouve une deuxième petite anse qui présente, sur une plus petite étendue, l'aspect de la même maladie. La surface intestinale est enflammée, épaissie légèrement et présente une ouverture. Celle-ci est fermée pa un triple pont de sutures après excision de ses bords. Cette anse intestinale est replacée dans l'abdomen.

Nombreuses petites tumeurs dans la cavité péritonéale ; elles sont circonscrites et varient comme grosseur, d'une cerise à une noix ; l'une d'elles atteint le volume d'une pomme. Le mésentère est exploré jusqu'à son insertion.

Résection de l'anse intestinale malade. Entérorraphie circulaire.

Suites opératoires. — Cinq jours après l'opération, guérison immédiate en grande partie ; selles normales. Dans la partie supérieure de la ligne d'union, un petit abcès s'est formé dans la profondeur.

On incise et on tamponne à la gaze iodoformée.

La température tombe.

27 *Juillet*. — L'état général se remonte. L'appétit est bon. Les petites tumeurs glandulaires de l'abdomen ne sont plus aussi nettement perceptibles qu'autrefois.

Examen de la pièce. — La longueur totale de l'intestin réséqué mesure 20 à 25 cent. Celui-ci se subdivise en deux parties de même longueur, séparées par une stricture assez étroite, ne laissant pas passer le petit doigt.

Après l'ouverture de l'intestin, à côté de l'incison mésentérique, on voit que la hauteur de la stricture est occupée par une ulcération sinueuse et circulaire, faisant presque tout le tour de l'intestin. Ses bords sont injectés et son fond est sanieux.

Au-dessus de cette stricture se trouve une grosse perforation à bords minces. On trouve également à dix cent. au-dessus de cette perforation, près de l'insertion du mésentère, une petite ulcération aux bords déchiquetés et à fond induré. Correspondant à cet ulcère, se trouve sur la face péritonéale une adhérence détachée pendant l'opération.

De même, on trouve sur la face séreuse de la partie intestinale enlevée une grande quantité de granulations grosses comme une tête d'épingle. Au dessus de la sténose, la paroi est épaissie, grâce à une hypertrophie de la musculeuse. Muqueuse et valvules conniventes normales.

Observation VI (Hofmeister).

Malade de 32 ans ; souffrait depuis 4 ans d'accès de coliques accompagnés de vomissements et de constipation, se répétant à intervalles plus ou moins longs. A la suite d'une crise plus violente, il est conduit à la clinique de Mr Bruns, à Tubingen, avec symptômes d'ileus grave. L'opération pratiquée immédiatement révéla que l'intestin grêle portait sur une longueur de 2 mètres environ 10 rétrécissements annulaires très étroits. Gros intestin vide. Vu l'état du malade on se borna à établir une entéro-anastomose entre deux anses saines ; le malade succomba le lendemain à un collapsus aigu, et l'autopsie permit de constater une péritonite généralisée.

Observation VII (Boschgrewink).

L'auteur rapporte l'autopsie d'un sujet de 58 ans, qui a permis de constater plusieurs rétrécissements de l'intestin grêle dus à la tuberculose. — Il existait à la partie supérieure de l'iléon 4 strictures de plus en plus serrées, à mesure qu'on avançait vers le bout inférieur. Les parties en amont étaient dilatées et hypertrophiées ; l'examen microscopique révéla l'existence de tubercules et de bacilles de Koch dans la paroi.

OBSERVATION VIII. (Frank Edouard).

Tuberculose de l'intestin grêle et du mésentère. Extirpation. Résection. Guérison.

P. R., âgée de 26 ans, domestique, non mariée, fut admise au service le 8 février. Ses antécédents, d'après son récit, se résument ainsi. Son père est mort d'une affection pulmonaire, sa mère, à la suite d'une maladie cardiaque. Abstraction faite d'une scarlatine qu'elle eut à l'âge de trois ans, la patiente a été toujours bien portante ; depuis sa dix-septième année, elle est réglée assez régulièrement toutes les quatre semaines ; ses règles durent chaque fois trois jours, et presque toujours elles sont accompagnées de violentes douleurs térébrantes dans la région lombaire et l'abdomen.

Au mois de mars 1888, elle eut un avortement au troisième mois de la grossesse, sans cause connue ; et après l'avortement, elle se mit au lit, souffrant d'une fièvre et de douleurs abdominales. Depuis lors la patiente est atteinte d'écoulements provenant des organes génitaux ; dans ces derniers temps ces écoulements se sont améliorés. A la même époque apparurent des douleurs (piquantes et crucifiantes) dans la région hypogastrique, et particulièrement du côté droit; ces douleurs sont beaucoup plus violentes pendant les règles. Par le décubitus dorsal dans le lit, les douleurs ne diminuent pas d'intensité ; aussi le repos nocturne de la malade est-il très troublé ; et la malade elle-même en est beaucoup amaigrie. La malade se plaint de nausées très fréquentes, qui ne vont pas jusqu'aux véritables vomissements ; il n'existe pas d'autres complications nerveuses. Pendant les dernières règles qui eurent lieu vers le 15 janvier, elle fut d'abord constipée ; ensuite la constipation fit place à des diarrhées fréquentes. La sécrétion urinaire est normale.

État actuel. — Les culs-de-sac de Douglas sont tendus et douloureux, la trompe gauche dure au palper et noueuse à son extrémité ampullaire ; l'ovaire hypertrophié est fixé ; l'ovaire droit, plus gros qu'un œuf de pigeon, adhérant au bord utérin et très sensible à la pression. On proposa à la malade de l'opérer pour une double oophorite et salpingite chronique. La malade y consentit.

Opération. — Immédiatement après l'ouverture de la cavité abdominale, on a pu constater la présence, dans le mésentère, du segment inférieur de l'iléon, d'une tumeur composée de plusienrs bosselures ; celle-ci semblait appartenir à des *ganglions lymphatiques* qui étaient isolés, de la grosseur du'u œuf de poule chacun, d'une consistance inégale ; quelques-uns étaient ramollis. Il n'y avait aucun doute à concevoir sur la nature de ces tumeurs, qui étaient répandues jusqu'à la racine du mésentère, surtout en présence de l'infiltration constatée déjà au sommet du poumon droit. On continua alors l'inspection de l'intestin, et voici les modifications qu'on y trouva.

A la distance de la largeur de la main, au-dessus de la valvule iléo-cæcale, se trouvait une tumeur bosselée, infiltrant circulairement la paroi intestinale ; cette tumeur était enchâssée dans l'appendice du mésentère, à la manière d'une cicatrice ; le revêtement péritonéal semblait rétracté vers cette place. Une deuxième lésion semblable à celle-ci se trouvait à 20 centimètres au-dessus de la première, et à la même distance de la deuxième tumeur, s'en trouvait encore une troisième.

Comme le tube intestinal présentait d'ailleurs macroscopiquement une structure normale, et qu'on avait l'impression qu'il s'agissait d'une affection tuberculeuse localisée de l'intestin et des ganglions lymphatiques avoisinants, on réséqua la partie malade de l'intestin et en même temps on extirpa le paquet de ganglions lymphatiques. Après avoir retiré au-devant de la plaie abdominale toute l'anse intestinale, on enveloppa l'intestin, dans ses parties centrales et périphériques, d'un ruban de gaze iodoformée, et la portion de l'intestin destinée à être réséquée fut munie des pinces à intestin de Gussenbauer. Ensuite on sectionna l'intestin et on réséqua un morceau du mésentère en forme de coin, allant jusqu'à sa racine. La section du mésentère fut faite après l'application des pinces hémostatiques. Quand l'hémorragie fut arrêtée, on réunit le mésentère à l'aide de sutures, et ensuite on pratiqua la suture de l'intestin. Onze sutures de Lembert furent appliquées, dont dix sutures séreuses ; le mésentère fut soigneusement réuni à son appendice, avec des sutures en bouton. On éprouva la perméabilité de l'intestin et on le refoula. La plaie abdominale fut fermée par plusieurs sutures profondes et superficielles avec des fils de soie. On fit un pansement approprié à cette région.

PIÈCES. — Le morceau de l'intestin réséqué présente les particularités suivantes : il est long de 75 centimètres ; son mésentère est raccourci et épaissi. La racine du mésentère, formée par un gros paquet de ganglions lymphatiques fortement adhérents les uns aux autres, de la grosseur du poignet, permet de reconnaître dans son centre un foyer de ramollissement. A la section, ces ganglions présentent une consistance moelleuse en partie ; mais, pour la plupart, ils contiennent des foyers caséeux miliaires ou confluents, de la grosseur d'une noix.

Le péritoine de l'intestin grêle a l'aspect terne en trois endroits, sur l'espace de 5 centimétres, et recouvert de pseudo-membranes fibrineuses. On peut constater au centre des tumeurs des rétrécissements nettement cicatriciels, et vers lesquels le péritoine paraît rétracté; ces endroits sont durs au palper. Après l'ouverture de l'intestin, on trouve en ces endroits de grosses tumeurs disposées en cercle, mais profondément situées dans la muqueuse et la sous-muqueuse ; ces tumeurs ont des bords irréguliers, peu marqués ; à leur base, elles ont des dépôts nécrosés fortement adhérents. Sur les bords, on reconnaît partout des bosselures caséeuses miliaires. Au voisinage des tumeurs, on constate un épaississement égal de toutes les couches de la paroi intestinale, les limites de ces couches ne sont qu'imparfaitement perceptibles. En ces endroits la lumière de l'intestin paraît fortement rétrécie; mais laisse passer un doigt ; la dilatation du segment supérieur de l'intestin ne paraît pas être brusquement marquée.

SUITES. — Immédiatement après l'opération, on prescrit à la malade de l'opium à haute dose. Elle est extrêmement agitée et ne veut pas garder la position horizontale en décubitus dorsal. Le 23 février, on a constaté pour la première fois l'issue des gaz ; le 24, la malade est pour la première fois allée à la selle ; le 27 février, les sutures superficielles ont été enlevées ; le 1er mars, les sutures profondes sont aussi enlevées, et en même temps on constate la suppuration d'une des sutures. Le 3 mars, on fut obligé par cette suppuration, de rouvrir la cicatrice sur un espace peu considérable. La plaie s'est bientôt cicatrisée et guérit le 15 mars.

Les recherches minutieuses, faites sur les selles depuis l'opération, donnèrent des résultats au point de vue du bacille de la tuberculose.

La malade se porte très bien depuis l'opération.

Observation IX (Vohtz, 1892).

Tuberculose de l'iléon (deux rétrécissements). Double résection intestinale. Guérison.

Opération. — Chez une femme âgée de 38 ans, sujette aux accidents de l'iléus, M. Vohtz a trouvé au cours de la laparotomie, des rétrécissements très accentués de l'intestin grêle par infiltration tuberculeuse. Ces rétrécissements étaient au nombre de deux L'un était à dix pouces (trente centimètres environ) en amont de la valvule de Bauhin ; l'autre rétrécissement était situé plus haut, à quarante-huit pouces (un mètre quarante centimètres environ) en amont de la même valvule.

Les deux parties rétrécies de l'iléon ont été extirpées par la résection des deux segments, dont l'un avait six pouces (18 centimètres environ), et l'autre avait huit pouces (vingt-quatre centimètres environ) de longueur.

Suites. — La guérison a été complète, sans la moindre réaction, et la malade a pu reprendre ses fonctions de sage-femme, six semaines environ après l'opération.

Observation X (Salomoni, 1896).

Andrea Santamaria, âgé de 24 ans, tonnelier, originaire de Messine, entre à l'hôpital le 22 février 1896, et, à différentes reprises durant la période d'observation, il nie absolument tout antécédent morbide, soit personnel, soit héréditaire ; il fait remonter le mal, pour lequel il sollicite les secours de l'art, seulement à neuf mois.

La maladie aurait débuté une nuit, à la suite de désordre diététique, sous la forme d'une douleur très vive au niveau du quart supérieur gauche de l'abdomen ; cette douleur persista toute la nuit, s'accompagna de vomissements ; après quoi la douleur se serait allégée un peu.

De plus, la douleur a toujours persisté, sous une forme plus ou moins intense, avec exaspération, notamment quelques heures après le dîner ; les remèdes, prescrits précédemment par divers médecins, à l'hôpital aussi bien qu'au dehors, ont été impuissants à le soulager ; c'est alors qu'il est venu consulter le Professeur Salomoni, qui lui conseilla d'entrer dans son service.

État actuel. — Santamaria est un jeune homme dont le système squeletto-musculaire est régulièrement développé ; le pannicule adipeux fait un peu défaut. Il a l'aspect pâle, quelque peu anémique. Au point de vue général, il n'accuse aucune souffrance ; il a de l'appétit, et l'ingestion des aliments ne lui occasionne aucun mal d'estomac. La miction et la défécation sont normales ; rien non plus dans les matières fécales qui dénote un état pathologique. Le seul trouble dont il souffre est la douleur dans la région susdite ; à l'observation, on note que le quart supérieur gauche, dans la région épicôlique, est à peine plus saillant que du côté droit ; à la palpation, on découvre dans cette région une tumeur sans limite bien nette, qui n'est pas en relations avec les parois abdominales ; elle descend légèrement dans les inspirations profondes ; la tumeur est de consistance dure, élastique ; elle ne transmet ni pulsations, ni frémissements ; la douleur augmente par la palpation.

Comme il y avait un peu de météorisme et de tension des parois abdominales, on a prescrit un gramme de calomel, et puis la diète (viande, lait, etc... sans pain, ni pâte). Après quelques jours, le ventre est déprimé et mou ; mais la tumeur, au lieu de pouvoir être mieux palpée, devient encore plus difficile à distinguer : on sent quelque chose qui, profondément, présente une résistance anormale ; mais on ne peut préciser ni la forme, ni les limites, ni rien autre. La douleur a un peu diminué, mais elle continue toujours ; aussi le malade qui a tant souffert, et qui a vu s'évanouir toutes ses illusions de guérison depuis les nombreuses médications auxquelles il a été soumis précédemment, voyant que maintenant non plus on ne se décide pas à opérer, devant un cas qui se présente d'une façon si vague et si indéterminée, menace-t-il de se percer le ventre, si on ne l'opère.

Pendant la diète précitée, on lui donna un jour par erreur, la nourriture ordinaire avec du pain, de la pâte, etc. Le soir même, la douleur devint beaucoup plus intense; et le lendemain, la palpation dénota une tumeur grosse comme aux premiers jours, de forme un peu allongée, très douloureuse, mais toujours difficile à délimiter. A la reprise de la diète, les choses revinrent au *statu quo ante* ; la tumeur diminua quelque peu de volume ; mais la douleur persista. Aussi, devant les souffrances et les instances du malade, on se décida à l'opérer ; on le purgea d'abord, et puis on lui donna du bismuth et du salol.

Il faut dire que ce qui nous a décidé à opérer, c'est en grande partie la douleur, élément subjectif, auquel on ne peut attribuer une valeur diagnostique précise, mais dont il a fallu tenir compte cependant, à cause des menaces sincères du malade de s'ouvrir le ventre lui-même.

Néanmoins, tant par son début que par sa marche, nous localisons le mal dans un point de l'intestin ; à cause de la forme, nous admettons un rétrécissement de la lumière de l'intestin, rétrécissement qui est cause de cette douleur fixe, et qui met obstacle à la circulation intestinale.

Ce dernier point a été très évident pour nous le jour de cette erreur diététique, qui a rendu la tumeur plus manifeste et la dout leur plus intense, tandis que d'ailleurs elle n'apportait aucun trouble à la digestion stomacale. Quand à la nature du mal, il n'y a aucune donnée qui nous permettrait de l'établir. Il reste le diagnostic de sténose intestinale, pour lequel nous entreprenons la laparotomie.

Opération. — Elle fut pratiquée le 8 mars 1896. On réséqua environ 30 centimètres de l'intestin, avec le mésentère qui en dépendait et des ganglions qui étaient compris, Les suites furent marquées par une légère suppuration au niveau de la suture, et roublées par une bronchite, mais finalement le malade quitta volontairement l'hôpital presque complètement guéri. Il se représenta le 25 avril, pour venir remercier l'opérateur et montrer une cicatrice solide ; ses fonctions intestinales s'accomplissent d'une façon normale.

Il nous faut citer ici le cas de Lennander et Cotterill, dont il nous a été impossible de nous procurer la relation. Nous n'avons que les indications bibliographiques de ces deux mémoires.

Observation XI (Lennander, 1896).

Rétrécissements tuberculeux multiples de l'iléon. Résection de l'intestin. Guérison.

Observation XII (Cotterill, 1897).

Rétrécissement de l'intestin tuberculeux. Entérectomie.

Ajoutons enfin une observation toute récente, celle de Troje, dont nous n'avons pu nous procurer qu'un court résumé, bien vague, au point de vue opératoire du moins.

Observation XIII (Troje, 1897).

Tuberculose chronique de l'intestin grêle (4 rétrécissements). Résection de 1m 15 d'intestin grêle. Guérison.

Chez une patiente âgée de 25 ans, une portion de l'intestin grêle, longue de 1m 15 cm. fut enlevée. Dans cette portion réséquée, se trouvaient quatre rétrécissements annulaires qui diminuaient en haut. Les parties entre les rétrécissements étaient dilatées en forme d'ampoule. A l'examen microscopique, on constata la nature tuberculeuse des tumeurs profondément situées dans les rétrécissements. La séreuse était intéressée, le mésentère fortement épaissi, les vaisseaux fortement dilatés. Il fut très difficile d'isoler ces masses. Les anses intestinales réséquées furent réunies. L'auteur a fait la juxtaposition parallèle des anses réséquées, à cause de la formation d'une fistule survenue plus tard.

Observation XIV (Dupont. Paris, 1894).

P... G.., 43 ans, entre le 20 février 1894 à l'hôpital Tenon, salle Bichat, service de M. le Dr Brault.

Le sujet n'a rien présenté de particulier jusqu'en 1886 ; depuis lors il tousse, a maigri, tout en conservant cependant l'appétit. Il est nettement alcoolique.

A l'entrée, signes cavitaires aux deux sommets. La température oscille entre 38° et 39°. Diarrhée depuis quatre jours ; les selles arrivent même au chiffre de huit par jour. Pas d'autres symptômes abdominaux.

Mort le 14 avril 1894.

A *l'autopsie*, cavernes aux deux sommets, avec adhérences pleurales.

Sur le trajet de l'intestin, série d'ulcérations taillées à l'emporte-pièce, et dans leur voisinage, nombreuses granulations. A 0m82 de la valvule iléo-cæcale, on remarque un point de l'iléon qui est rétréci en anneau et d'apparence cicatricielle en dehors. Il y a là en effet, du tissu fibreux et du tissu cicatriciel rétractile. La portion intestinale qui se trouve en amont du rétrécissement est démesurément dilatée ; elle forme comme un énorme estomac, atteint 0m35 de circonférence, et cette dimension est conservée sur une longueur de 0m40. Au contraire, la portion sous-jacente au rétrécissement est atrophiée et a tout au plus la dimension d'un gros cigare.

Le point rétréci laisse à peine passer un crayon ordinaire ; remplie d'eau, la portion intestinale dilatée ne peut se vider qu'avec peine, l'ulcération faisant diaphragme sous la pression de l'eau. A ce niveau, toutes les tuniques intestinales ont une dureté de fibrome ; elles présentent une épaisseur de 7mm.

Gros intestin sain ; rien à l'appendice, ni à la valvule.

Observation XV (Guinard, 1899).

M. Guinard fait à la *Société de Chirurgie* dans sa séance du 22 mars 1899, la présentation suivante :

Je présente à la *Société de Chirurgie* un énorme segment d'intestin grêle que j'ai réséqué il y a 6 jours.

Comme on peut le voir, cet instestin grêle présente 4 rétrécissements très prononcés, échelonnés sur une étendue de 1m.10, mesurée sur le bord libre. Le dernier rétrécissement, le plus serré, siégeait à 0,05 du cæcum ; en amont, l'intestin est dilaté et épaissi au point de ressembler absolument à l'estomac. Il a 0, 31 de circonférence ; les sténoses d'origine tuberculeuse donnaient des accidents d'obstruction chronique, qui duraient depuis 14 ans. Ma petite malade, qui a 17 ans, va aussi bien que possible ; j'espère la présenter bientôt à la Société et c'est seulement à cette occasion que je donnerai les détails cliniques de l'observation, la techique opératoire que j'ai suivie et l'examen histologique fourni par M. Gombaut.

A la séance du 10 mai suivant, M. Tuffier a présenté un rétrécissement tuberculeux d'intestin grêle.

Observation XVI (Köberlé. *Bull. Acad. Méd.*, 25 janv. 1881).

Mlle K...., 12 ans, sujette depuis deux ou trois ans à des accès de coliques pareilles à ceux d'une indigestion, revenant à intervalles plus ou moins éloignés. Coliques plus fréquentes et plus violentes depuis un an ; au mois d'octobre 1880, il survint à deux reprises, à quinze jours d'intervalle, des accidents graves d'étranglement interne, ayant cependant paru céder à des lavements. Depuis lors, coliques extrêmes, ne laissant de repos ni le jour, ni la nuit.

D'après les coliques successives, on pensa qu'il existait trois points d'obstruction intestinale, mais le diagnostic positif de la lésion ne pouvait être posé d'une manière rationnelle.

On fait la gastrotomie, le 27 novembre 1880, et on trouve quatre rétrécissements de plus en plus étroits, le dernier de 4 millimètres à peine. Ces rétrécissements intéressaient 2m.05 d'intestin grêle qu'on réséqua entre deux ligatures. L'opération a duré plus de trois heures.

L'opérée a été nourrie, dès le deuxième jour, par des aliments solides, avec peu de liquide. On donnait des lavements désaltérants. Elle a parfaitement guéri.

L'examen histologique de Recklinghausen fit penser que les sténoses étaient de nature tuberculeuse.

CONCLUSIONS

De l'étude et de la comparaison des diverses observations que nous avons rapportées, nous croyons qu'il nous sera permis de tirer les conclusions suivantes :

1° Il existe une manifestation spéciale du bacille de Koch sur toute l'étendue du tube digestif, se traduisant par l'hypertrophie des parois, une véritable sclérose hypertrophique, pouvant occasionner son rétrécissement.

2° Les lieux d'élection de ce processus sont : la région iléo-cæcale, le rectum et la dernière partie de l'intestin grêle. C'est la localisation à cette dernière partie que nous avons eue exclusivement comme objectif dans cette étude, et à laquelle nous proposons de donner le nom d'*Entéro-Sténose tuberculeuse*.

3° Cette forme morbide demande à être cherchée avec soin et son existence se déduit, ne peut s'affirmer que de la coexistence de symptômes nombreux.

4° Le diagnostic est surtout à faire avec les tumeurs malignes des organes abdominaux.

5° La coexistence des localisations pulmonaires semble plutôt exceptionnelle.

6° Son évolution, quoique continue, est lente et paraît sous la dépendance d'un bacille doué d'une virulence atténuée.

7° Le seul traitement efficace, lorsque la lésion est nettement constituée et s'affirme par tout le grave cortège des symptômes de l'occlusion, est l'intervention chirurgicale.

8° Il y aurait lieu désormais puisque l'attention est attirée sur ce point, d'essayer, surtout au début, avant que la lésion se soit établie d'une façon irrémédiable, un traitement médical.

9° Au nombre des moyens susceptibles d'être employés, celui qui nous paraît le plus recommandable est l'entéroclyse, dérivée de la méthode de Cantani, mais avec les modifications apportées par MM. Lesage et Dauriac.

BIBLIOGRAPHIE.

BEZANÇON et LAPOINTE. — *Tub. int. hyp.* — *Presse méd.*, 1898, n° 42, 265-267.

BENOIT. — *Tub. iléo-cæcale.* — Thèse, Paris, 1893, n° 384.

BERNAY. — *Sténoses tub. int. grêle.* — Thèse, Lyon, 1899.

CHAVANNAZ et CARRIÈRE. — *Tub. int. hyp.* — *Journ. méd.*, Bordeaux, 1897, 271.

CORNIL et MARIE. — *Tub. cæcum sim. cancer.* — *Cong. Tub.*, 1893, Paris, 1894, III, 504-506.

COQUET. — *Tub. cæcale* — Thèse, Paris, 1894.

ESTER. — *Tub. cæcum sim. cancer.* —*Montpel. méd. Supp.*, 1892, I, 517-533.

GUINARD. — *Ret. tub. int.* — *Bull. Soc. Chir.*, Paris, 1899, XXV, 12; 327.

CLAUDE. — *Tub. hyp. gros int.* — *Soc. Biol.*, Paris, 1898.

ITIÉ. — *Tub. int. hyp.* — Thèse, Montp., 1898, p. 115.

ITIÉ. — *Tub. int. hyp.* — *Montp. méd.*, 1899, VIII, 245-211.

LEUDET. — *Tum. tub. duodénum.* — *Bull. Soc. anat.*, Paris, 1853, XXVIII, 247.

MARIE. — *Tub. cæcum.* — *Bull. Soc. anat.*, Paris, 1894, VIII 451-55.

HARTMANN. — *Tub. cæcale.* — *Bull. Soc. anat.*, Paris, 1892, VI, 157.

LYON. — *Tub. int.* — *Gaz. Hôp.*, Paris, 1891, LXIV, 1277.

MONNIER (A.). — *Tub. int. à forme hyp.* — *Arch. prov. Méd.*, 1899, 92-105.

PANTALONI. — *Resec. int. tub.* — *Arch. prov. Chir.*, 1898, 327.

RICHE. — *Ret. tub. rectum.* — *Gaz. Hôp.*, Paris, 1897, 158.

SPILLMANN. — *Tub. int. hyp.* — Thèse agrég., Paris, 1878.

LAPOINTE. — *Trait. ret. non. cong. rectum.* — Thèse, Paris, 1897.

LE BAYON. — *Typhlite tub. chron.* — Thèse, Paris, 1892.

GIRODE. — *Contrib. int. tub.* — Thèse, Paris, 1888.

CAREL. — *Resect. iléo-cæcale.* — Thèse, Paris, 1897.

CLAMOUSE. — *Rectite chron. hyp.* — Thèse, Paris, 1896.

BAILLET. — *Resect. iléo-cæcale.* — Thèse, Paris, 1894.

SOURDILLE. — *Rectite rect. tub.* — *Arch. gén. Méd.*, Paris, 1895, 531.697.

GÖSHEL. — *Tub. int. hyp.* — *München med. Wchnschr*, 1895, 251.

HOFMEISTER. — *Tub. int. hyp.* — *Beitr z. klin. Chir.*, Tubingen' 1896, 577.

KOENIG. — *Die stricturiende tub. Darmes*, etc. — *Deut. zeit. f. Chir.*, Leipz, 1892, XXXIV, 65.

LENNANDER. — *Ret. tub. iléon.* — *Upsala lâk. Forh.*, 1896-97, N. F. II, 442.

MOCKENHAUPT. — *Tub. int. hyp.* (Esmarch). — Thèse, Kiel, 1894.

SCHILLER. — *Tub. int. hyp.* — *Beitr. z. klin. Chir.*, Tubingen, 1896, 603.

PROCHOWINCK. — *Uber cistem tub. Mastdarmpolypen.* — *München med. Woch*, 1896, XLIII, 1205.

ZIMMERMANN. — *Beitrag zur Behandlung der Darm. tub.* — Inaug. Diss., Wurzburg, 1894.

WIESINGER. — *Ein Fall von totaler Darmausschaltung mit totaler Occlusion.* — *München. med. Wchuschr*, 1895, XLII, 1182.

SUCHIER. — *Beitrag zur operativen Behandlung der Cæcum Tumoren.* — *Berl. klin. Wchnschr*, 1889, XXVI, 617.

CZERNY-HEDDAEUS. — *Beitrag zur Path. und Therapie der Wurmfortsatzentzundung.* — *Beitr. z. klin. Chir.* — Tubingen, 1900, XXI.

BECKER. — *Uber Darmrésectionen.* — *Deutsche Ztschr. f. Chir.*, Leipz. 1894, XXXIV, 148-230 (7 *Fig.*).

KÔRTE. — *Zur chirurgischen Behandlung der Geschwülste der Ileocö calgegend.* — *Deutsche Ztschr. f. Chir.*, Leipzig, 1895, XL, 523-565.

CONRATH. — *Uber die lokale chronische Cæcum tub. inud ihre Chirurgische Behandlung.* — *Beitr. z. klin. Chir.*, Tubingen, 1898, XXI, 1-110., Taf. I et II.

SALZER. — *Beitrag zur path. und chirurgischen Therapie chronischer Cæcumer. Erkrankungen* (Cas de Cliniq. de Billeroth) — *Arch f. klin Chir.*, Berl., 1892, XLIII, 101-163 (1 pl.).

Nous ne saurions terminer sans adresser nos sincères remerciements à tous les collaborateurs de l'Institut de Bibliographie, pour le concours qu'ils nous ont apporté. Un tel oubli serait une ingratitude.

Imprimerie de l'Institut de Bibliographie. — Janv. 1900.

www.ingramcontent.com/pod-product-compliance
Ingram Content Group UK Ltd.
Pitfield, Milton Keynes, MK11 3LW, UK
UKHW020347220726
13923UKWH00004B/1580

9 782019 299842